1

LACTANCIA ARTIFICIAL, DESTETE Y ALIMENTACIÓN COMPLEMENTARIA

MANUAL PARA MATRONAS Y PERSONAL SANITARIO

Patricia Álvarez Holgado

Gustavo A. Silva Muñoz

Mª Luisa Alcón Rodríguez

LACTANCIA ARTIFICIAL, DESTETE Y ALIMENTACIÓN COMPLEMENTARIA

MANUAL PARA MATRONAS Y PERSONAL SANITARIO

© Autores: Patricia Álvarez Holgado, Gustavo A. Silva Muñoz, Mª Luisa Alcón Rodríguez

© Por los textos: Servando J. Cros Otero, Estefanía Castillo Castro, Mª José Barbosa Chaves, Tatiana Álvarez Holgado.

30 de Octubre de 2012

ISBN: 978-1-291-16040-6

1ª Edición

Impreso en España / Printed in Spain

Publicado por Lulú

INDICE:

CAPÍTULO 1:

Lactancia artificial. Conceptos generales. Beneficios de la lactancia materna prolongada.

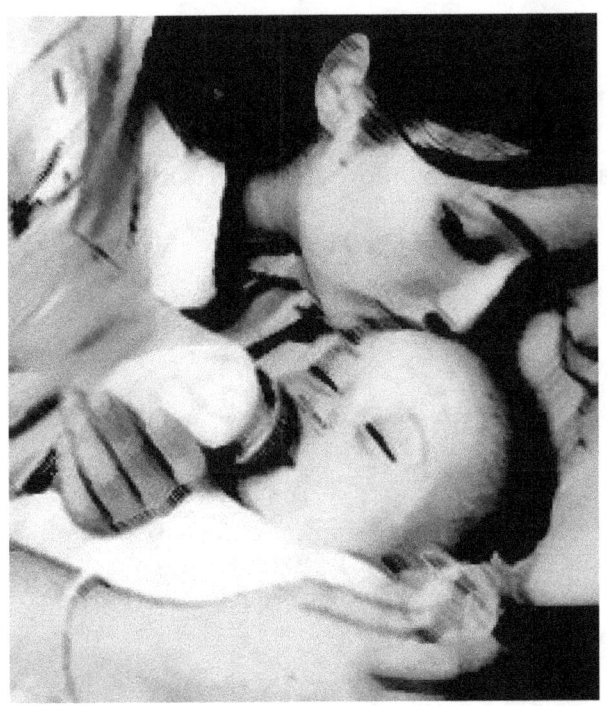

Debemos considerar la leche materna como el alimento más completo y de elección primera para el bebé durante sus primeros meses d vida.

Cuando la lactancia natural no es posible, lo cual suele deberse a motivos frecuentemente multifactoriales, entra en juego la lactancia artificial.

La lactancia artificial es un sucedáneo de la leche materna. También se la conoce como fórmula adaptada, y es un producto derivado de la leche de vaca.

LA LACTANCIA MIXTA

Consiste en conjugar ambos métodos: la lactancia materna y la lactancia artificial.

Debemos tener en cuenta que:

☐ La producción láctea es directamente proporcional al requerimiento del bebé (lo que saque, es lo que vuelve a producirse).

☐ Para preservar la lactancia materna es fundamental empezar ofreciendo el pecho (no "de postre") o extrayéndola (manualmente o sacaleches).

☐ Las papillas de cereales pueden prepararse con leche materna extraída, leche artificial, agua, caldo...

☐ No hay motivo para comenzar por los cereales la alimentación complementaria, puede empezarse por las verduras o frutas recomendadas

TIPOS DE LECHE ARTIFICIAL

- Leche de inicio (número 1):
  - ☐ Recomendada hasta los 5-6 meses.
  - ☐ Aporta hierro.
  - ☐ La relación suero caseína es del 60/40.
  - ☐ Se presenta en polvo o líquido.
  - ☐ Tipos:
    - o Hipoalergénica (HA)
    - o Antirregurgitación (AR): contiene espesantes.
    - o Con proteínas de soja.
    - o Sin lactosa.
    - o Para prematuros o bajo peso.

- Leche de continuación (número 2):
  - ☐ Recomendada hasta los 12-15 meses (no dar a menores de 4meses).
  - ☐ Aporta el 50% de calorías necesarias al día.
  - ☐ Mínimo necesario 500 ml/día.
  - ☐ Presentación en polvo o líquido.
  - ☐ Es leche de vaca modificada: menos proteínas, sustituyen la grasa animal por vegetal, es enriquecida con vitaminas y nutrientes (nucleótidos, carnitina...)

- Leche de vaca entera: a partir de los 12 meses.

TIPOS DE TETINAS Y BIBERONES

Entre las tetinas comercializadas, no existen diferencias significativas entre los diferentes tipos. Debemos considerar que si está homologado, es válido

Deben tener un solo agujero para que produzca un goteo continuo, y no un chorro, para prevenir el atragantamiento.

- ◘ En niños de 0-4 meses → tetinas de silicona (son más blandas y pequeñas).

- ◘ En niños de entre 4-12 meses →tetinas de caucho (son más grandes y el orificio es mayor para papillas)

  Existen multitud de tipos:

  - ☐ De flujo rápido (para zumos, medicamentos...)

  - ☐ Anatómicas, clásicas, anticólico...

  - ☐ Las más fisiológicas que necesitan más vacío para producir la leche.

Los biberones pueden ser de:

☐ Vidrio termo-resistente

    ◻ Recomendados en la primera etapa, ya que son de más fácil limpieza.

    ◻ No dejar al alcance de los niños.

☐ Plástico irrompible

    ◻ Recomendables a partir de los 4 meses, cuando el bebé ya lo manipula.

    ◻ Existen de tipo anatómico para facilitar la manipulación, con asas...

LA PREPARACIÓN DEL BIBERÓN

Las recomendaciones que debemos hacer a los padres son:

☐ Mantener la higiene de manos: agua y jabón.

☐ Podemos usar agua de grifo de buena calidad o agua envasada de baja mineralización.

☐ No debemos llegar a hervir el agua ya que se concentran las sales.

☐ No calentar en microondas (calienta de forma heterogénea) o en el caso agitar muy bien el biberón.

☐ Cazo raso de polvo por 30 cc de agua (seguir las indicaciones del fabricante).

☐ Una vez reconstituido, puede estar a temperatura ambiente 1 hora; y en frigorífico 24 horas.

☐ Posición del bebé semi-incorporada y expulsar gases a mitad y final de la toma.

☐ La tetina siempre debe estar llena para evitar que trague aire.

☐ Procurar que no vacíe completamente el biberón para que no trague aire.

☐ La leche sobrante debe desecharse.

HIGIENE Y LIMPIEZA DE TETINAS Y BIBERONES

☐ No es necesario esterilizar los biberones y tetinas de forma sistemática si se mantiene una buena higiene. Secarlos bien al aire.

☐ Limpiar con agua, detergente y cepillo.

☐ También puede usarse el lavavajillas (pero tener en cuenta que no es un método de esterilización).

☐ Podemos usar detergentes normales o específicos.

LA ESTERILIZACIÓN

☐ ¿Cuándo?

◘ Si el pediatra indica esterilizar (pretérminos, patologías...)

◘ Si los padre lo solicitan explicar: "el primer mes tras cada toma, hasta los 4 meses una vez al día, y hasta los 6 meses cada 15 días".

☐ Métodos en frío:

◘ Disolución de agua con sustancia clorada:

◘ Sumergir 30 minutos

◘ Aclarar muy bien (deja olor fuerte) con agua hervida.

☐ Métodos en caliente

◘ Hervir 3 minutos (el plástico no porque puede derretirse).

◘ Esterilizador eléctrico de vapor. Tarda de 10 a 15' (apto para plástico y cristal). Como desventaja, decir que ocupa más espacio y es más caro.

- ◘ Esterilizador de microondas. Requiere poco tiempo (4-10'), menos espacio y es más económico. Como desventaja, no todos los biberones soportan microondas.

- ◘ Biberones autoesterilizables en microondas. Compuestos de piezas que se ensamblan. Se basa en el método por calor. Se pone una pequeña cantidad de agua y se mete al microondas de 1'30'' a 3'' por norma.

Debemos tener en cuenta que:

- ☐ Sólo se recomienda en biberón hasta los 13-15 meses para los líquidos (cuchara, tazas...)

- ☐ El uso del biberón en niños de 2 años se ha relacionado con problemas dentales como maloclusión y caries del biberón.

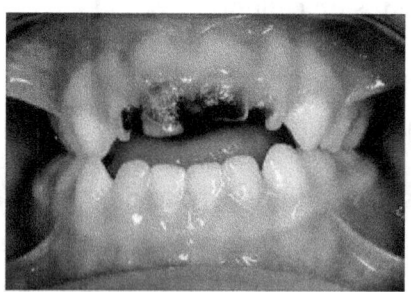

BENEFICIOS DE LA LACTANCIA MATERNA PROLONGADA

Necesidades satisfechas hacen niños más seguros, independientes y emocionalmente más estables en el futuro (Newton y Ratner)

Escalas menores de ansiedad en el adulto (Bushnell y Hawkins)

Ayuda a tener una transición gradual a la niñez, pues ayuda a aliviar frustraciones, choques, golpes y tensiones diarias (Baumgartner)

Menores desórdenes en la conducta (Ferguson)

Mayor desarrollo cognitivo, inteligencia y desarrollo del lenguaje (Fergusson y Beautrais)

Mayor aceptación ante la separación, ya que el niño sabía que su madre sería accesible si la necesitaba (Stayton)

Mejor vocabulario, coordinación visomotora y medidas de la cabeza (Taylor y Wadsworth)

Mejores habilidades motoras y desarrollo tempranos del lenguaje (Vestergaard y Obel)

Menor propensión a contraer enfermedades respiratorias, gastrointestinales, meningitis y sepsis.

En el adulto: disminuye el riesgo de padecer ca gástrico, gastritis o úlcera péptica, obesidad, osteoporosis y diabetes

Para la madre: control de fertilidad en medios sin posibilidad de métodos anticonceptivos, disminuye el riesgo de padecer ca mama, útero y ovario. Las hormonas de la lactancia ayudan a la madre a relajarse y mostrar más cercanía y dar consuelo al niño.

CAPÍTULO 2:

Causas para iniciar la lactancia artificial: mitos, ventajas y limitaciones.

Podemos clasificar las causas para iniciar la lactancia artificial en:

☐ Enfermedades de la madre o el bebé

☐ Motivos psicológicos

☐ Motivos sociales

☐ Motivos laborales

Contemplar siempre la alternativa intermedia
=
Extraer la leche materna y administrarla por biberón, taza, cuchara...

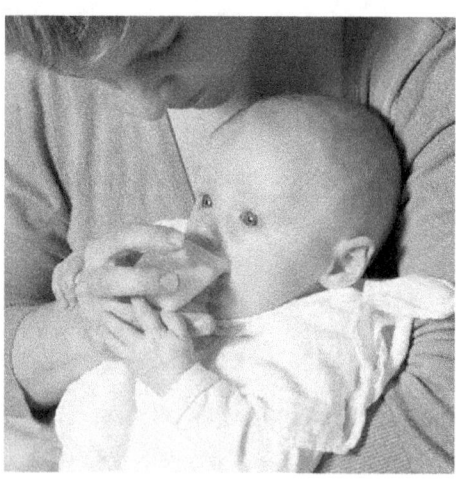

ENFERMEDADES DE LA MADRE:

Ante una patología materna, siempre debemos investigar todas las alternativas posibles antes de indicar abandonar la lactancia materna.

Entre las causas más frecuentes podemos encontrar:

- ☐ Dolor mamario: por aparición de grietas en el pezón o mastitis. Las grietas en el pezón suelen aparecer por un mal agarre del bebé al pezón. Debemos aconsejar cambiar la posición del amamantamiento y además podemos recomendar cremas específicas. Algunas de estas cremas son aptas para el consumo del bebé, y al no haber que retirarlas antes de la tetada y manipular menos el pezón conseguimos buenos resultados. La mastitis aparece cuando el pecho no está siendo vaciado del todo. Debemos aconsejar a la madre que si el bebé no saca toda la leche se la extraiga manualmente.

- ☐ Pezón invertido real: habitualmente podemos corregirlo con el uso de pezoneras y la succión activa del bebé.

☐ Depresión postparto: existen determinados antidepresivos que están indicados durante el tiempo de lactancia materna, y otros que no:

- ■ Antidepresivos recomendados para la LM: amitriptilina, nortriptilina, desipramina, clomipramina, dothiepin y sertralina (no de detectaron en el bebé amamantado).

- ■ Antidepresivo no recomendado para la LM: doxepina (depresión respiratoria) o fluoxetina.

☐ Enfermedades infecciosas: el VIH en nuestro medio, la tuberculosis en fase activa, el VHC con carga viral muy elevada, el Herpesvirus que afecte a la zona areolar o pezón y el CMV en bebés inmunodeprimidos, son contraindicaciones para la lactancia materna.

☐ Tratamientos farmacológicos: debemos tratar siempre que sea posible con fármacos compatibles con la lactancia.

Disponemos de una página web llamada e-lactancia.org, que ha sido creada por profesionales de la salud del Hospital de Denia, en la que podemos consultar los fármacos indicados y contraindicados durante la lactancia materna.

☐ **Hipogalactia verdadera:** es una patología multicausal por la que se inhibe la producción láctea. Sus causa pueden ser:

■ Hipotiroidismo no tratado.

■ Retención placentaria: los estrógenos y progestágenos placentarios inhiben la lactogénesis.

■ Agenesia de tejido mamario: una mama hipoplásica con niveles de prolactina normales produce menos leche.

■ Cirugía mamaria: los implantes no son obstáculo para la lactancia materna. Tras Radioterapia es posible amamantar, a veces incluso con el pecho afectado..

■ Síndorme de Sheehan: es una necrosis de la hipófisis por falta de perfusión durante el parto, por lo que la prolactina necesaria para producir la lactogénesis no se segrega.

■ Anticonceptivos Hormonales Orales (ACOH): los niveles altos de estrógenos disminuyen la secreción láctea. Debemos recomendar en el caso la "minipíldora", que sólo aporta progestágenos.

■ Déficit congénito de Prolactina: es considerada una enfermedad rara.

☐ LA FALSA Hipogalactia: es la percepción subjetiva materna de producir poca leche.

Debemos explicar a la madre que el niño está siendo bien alimentado si:

❖ Micciona regularmente.

❖ Tiene deposiciones normales (variable desde una tras cada toma a una al día. Puede pasar 2-3 días sin emisión, siempre que presente buen estado y no se queje ni tenga vómitos.)

❖ Tiene una ganancia de peso adecuada (de "referencia" → 75 a 200 gr/semana)

❖ El estado general es normal: tono, actividad, alegría, hidratación, textura de la piel...

ENFERMEDADES DEL BEBÉ:

◘ Problemas tempranos solucionables:

■ Obstrucción de las fosas nasales: recomendaremos limpieza con suero fisiológico. Si no fuera efectivo, podemos sugerir la extracción manual de leche y darla mediante biberón, taza o cuchara.

■ Confusión tetina-pezón: cuando se le ofrece a un bebé un chupete o una tetina de biberón sin que se haya producido la adaptación a la lactancia materna, el bebé puede confundirse y rechazar el pecho, ya que le costará más extraer la leche de él. Por ello, debemos esperar para ofrecer el chupete o biberón al recién nacido hasta los 20-30 días, cuando suponemos que la lactancia materna ya estará bien instaurada.

■ Mal agarre por mal posicionamiento.

☐ Labio leporino y paladar hendido

■ La lactancia materna no está contraindicada en estos casos, pero debemos ser realistas y explicar a los padres que sí puede ser más dificultosa.

■ Podemos recomendar el uso de sacaleches, mantener al bebé en posición erguida para evitar el reflujo lácteo hacia la fosa nasal, y que el bebé haga ingestas frecuentes y cortas.

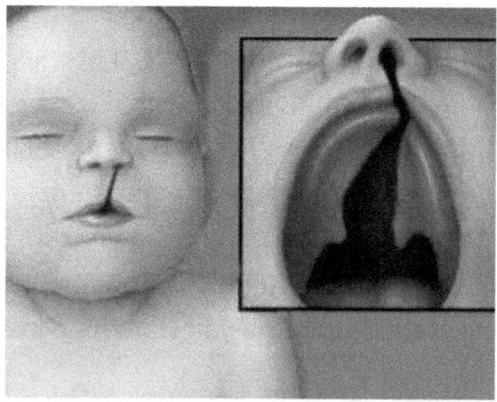

☐ Hiperbilirrubinemia precoz/tardía: los casos de ictericia no contraindican la lactancia materna.

☐ Enfermedades que CONTRAINDICAN la lactancia materna y FÓRMULAS ORDINARIAS:

■ **GALACTOSEMIA:** enfermedad autosómica recesiva.

✓ Se debe a un déficit de enzima galactosa-1-fosfato uridiltransferasa.

✓ Puede desencadenar: insuficiencia hepática y alteración de la función tubular renal, cataratas, trastornos del lenguaje, insuficiencia ovárica. Alta mortalidad si no se elimina la galactosa de la dieta

■ **FENILCETONURIA** clásica o maligna: enfermedad autosómica recesiva.

✓ Debido a un defecto en la hidroxilación de la fenilalanina.

✓ Frecuencia elevada de niños rubios, de ojos azules, que presenten eccema y orina con "olor a ratón". Produce retraso mental grave si no se elimina la fenilalanina de la dieta

- **CETOACIDURIA DE CADENA RAMIFICADA** O ENFERMEDAD DE ORINA DE JARABE DE ARCE (EOJA): enfermedad autosómica recesiva.

  - ✓ Existe un déficit de descarboxilasa que degradan los cetoácidos análogos a: leucina, isoleucina y valina.
  - ✓ Se producen: vómitos, taquipnea, depresión SNC, hipotonía-hipertonía, convulsiones, opistótonos, orina con olor a jarabe de arce. Hiploglucemia y acidosis metabólicas
  - ✓ Restringir los 3 aminoácidos esenciales a las cantidades requeridas para la nutrición

MOTIVOS PSICOLÓGICOS PARA INICIAR LA LACTANCIA ARTIFICIAL:

En este caso debemos realizar una buena anamnesis para descubrir cuál es el motivo que impulsa a la madre a abandonar la lactancia materna, poder intervenir, pero respetando en último caso la decisión de la madre sin presionarla.

MOTIVOS SOCIALES PARA INICIAR LA LACTANCIA ARTIFICIAL:

☐ Presión para el consumo: publicidad, cestas de regalo...

☐ Sociedad de "bienestar": búsqueda de la comodidad, evasión del compromiso.

☐ Modelos educativos: las abuelas del biberón.

☐ El chupete: evitarlo hasta conseguir instaurar la lactancia para evitar la confusión tetina-pezón

☐ Los sanitarios: a veces damos informaciones equivocadas, bien por ignorancia o por comodidad.

☐ Las visitas pueden interferir en lograr instaurar la lactancia materna.

◻ LOS MITOS POPULARES:

☐ Cuando un niño llora es por hambre.

☐ Los pechos pequeños dan poca leche.

☐ Con pezones planos o invertidos es inútil intentarlo.

☐ No se puede dar de mamar a gemelos.

☐ Es normal que duela el pecho.

☐ El calostro no alimenta.

☐ El chupete es el mejor consuelo.

☐ El chupete es necesario para que aprenda a calmarse solo.

☐ Si el bebé llora antes de las 3 horas, tu leche es insuficiente.

☐ Si tomas medicación, no puedes amamantar.

☐ Para que el niño aguante toda la noche, conviene darle un biberón.

☐ Un biberón es una ayuda para la madre, permite que se llenen sus pechos.

■ LOS MITOS MÉDICOS:

☐ La pausa digestiva neonatal: es necesario que el estómago "se limpie".

☐ Primero dar suero glucosado para ver como tolera.

☐ Un recién nacido de más de 4kg necesita suplemento o tendrá hipoglucemia.

☐ Hay que preparar los pechos antes (en el embarazo) y lavarse los pechos antes y después de mamar.

☐ Tomas c/ 3 horas de 10 minutos en cada pecho.

☐ Tras los 3 meses, la leche no alimenta.

☐ Dar el pecho a los mayores de un año es una perversión.

☐ La LM es algo natural, si no funciona el problema es fisiológico.

☐ Mujer que se queja no quiere dar el pecho.

☐ En la mastitis hay que suprimir la lactancia para que es bebé no tome pus.

MOTIVOS LABORALES: incompatibilidad y desinformación.

Debemos explicar a la madre que tiene derecho a horas de lactancia y que cuando deba reincorporarse al trabajo puede extraerse la leche y darla con biberón, taza o cuchara; e incluso puede hacerlo con antelación e ir creando un banco de leche congelada. La leche materna puede estar congelada hasta seis meses en buenas condiciones. Después debe descongelarse en el frigorífico para que no pierda cualidades.

LAS VENTAJAS DE LA LACTANCIA ARTIFICIAL:

Mayor libertad y flexibilidad para la madre, que puede delegar la responsabilidad de alimentar al niño en otra persona.

El bebé hace menos tomas, ya que la leche artificial tarda más en digerirse, por lo que sacia más al niño. De aquí viene la costumbre de dar un biberón de fórmula por la noche, para que el niño aguante toda la noche durmiendo. Y en consecuencia, la madre comienza a pensar que su leche deja al niño con hambre porque se despierta antes pidiendo más.

La madre puede controlar los mililitros exactos que toma el bebé. Esto no tiene ninguna razón de ser, ya que, como veíamos antes, si el niño gana peso adecuadamente, orina y defeca con regularidad, y tiene buen estado general, está bien nutrido, y para saber esto no es necesario contar los mililitros que toma.

La lactancia artificial, al no ser exclusiva de la madre, aumenta el rol de cuidador de la pareja. En este punto debemos recordar que también pueden darse biberones de leche materna extraída.

LAS LIMITACIONES DE LA LACTANCIA ARTIFICIAL:

En primer lugar, y principal para muchas familias, debemos considerar el coste económico de la lactancia artificial como una de las mayores limitaciones.

En segundo lugar, tenemos los aspectos nutricionales. La leche artificial cubre las necesidades del bebé, pero no aporta las inmunoglobulinas que pasan con la leche materna, por lo que la inmunidad del bebé no estará tan protegida.

La organización es otro de los aspectos negativos, ya que el biberón necesita una preparación que el pecho no requiere.

Y por último, las incompatibilidades de la leche artificial con el bebé. Ya que procede de la vaca, puede causar alergias e intolerancias, las cuales no suceden con la leche materna, que es totalmente compatible con el bebé, excepto en los casos de enfermedades metabólicas del bebé que requieren una alimentación específica.

CAPÍTULO 3:

Destete. Cambios de la leche. La decisión de destetar.

La definición de la Real Academia Española dice que DESTETAR es:

"Hacer que deje de mamar el niño o las crías de los animales, procurando su nutrición por otros medios".

Pero también contempla la definición de:

"Apartar a los hijos de las atenciones y comodidades de su casa para que aprendan a desenvolverse por sí mismos".

No existen razones científicamente demostradas por las que deba recomendarse abandonar la leche materna a una edad determinada

La OMS, UNICEF, AAP y AEP recomiendan la LM exclusiva hasta los 6 meses.

El destete completo es variable y está influido por muchos factores (decisión persona, con frecuencia influenciada por mitos).

La OMS y AAP recomiendan tiempos mínimos de LM de 1 y 2 años con alimentación complementaria.

Amamantar hasta los 4, 5 ó 6 años es infrecuente, pero no perjudicial.

Existe controversia en cuanto al "apego" de los hijos con la lactancia prolongada.

Algunos pediatras defienden el destete antes de los 3 años, ya que:

- Las necesidades nutricionales son cubiertas con otros alimentos.
- A esta edad pueden cubrir sus necesidades emocionales de otras formas.

Pero el destete no es sólo un cambio en la dieta del niño: se trata de un asunto complejo con gran repercusión emocional para él y su madre, que puede provocar sentimientos de tristeza, pérdida, frustración, abandono...

El destete puede considerarse una etapa más en el desarrollo del niño, cuyo proceso comienza cuando empieza a tomar cualquier otro alimento que no sea la leche materna

Cada especie de mamíferos tiene una edad en la que el destete ocurre de forma natural, que probablemente esté condicionada por la genética.

En nuestra especie es difícil deslindar lo cultural de lo biológico.

Las recomendaciones arbitrarias sobre la limitación de la lactancia que no tienen en cuenta los deseos de la madre y su hijo son inaceptables

CAMBIOS EN LA LECHE MATERNA DURANTE EL DESTETE

La leche materna es el alimento más nutritivo para el niño por sí mismo, por sí misma no pierde sus propiedades.

Otros alimentos pueden superar valores de algún nutriente en concreto (p. ej: el hígado tiene más hierro, la carne de buey más proteínas), pero no existe ningún alimento que supere en valor nutritivo total de la leche materna

Durante el destete*:

☐ Disminuye el volumen de leche (menor requerimiento)

☐ El Zn disminuye hasta 58%

☐ Aumenta la concentración de proteínas (hasta 142%)

☐ El Fe aumenta hasta 172%

☐ Los lípidos, el calcio y los factores inmunitarios se mantienen

*Estudio en que el destete se produjo a los 7 meses del bebé, progresivo durante 3 meses.

LA DECISIÓN DE DESTETAR

El momento de decidir comenzar a destetar al niño, pueden crear sentimientos de indecisión, sentimientos contradictorios a la madre, que dependen de:

☐ La edad del bebé (mayor sentimiento de pérdida con destete en menores de 2 años).

☐ Cómo se presenta el destete: experiencia gradual es más positiva.

☐ La intimidad de la relación entre madre-hijo: una relación fuerte puede aliviar sentimientos de **culpabilidad.**

☐ El padre: hacerlo partícipe, escuchar sus necesidades y actuar también sobre él.

☐ Entorno (familia y amigos): las opiniones negativas no deben servir de referencia.

☐ Los extraños: no discutir las decisiones propias, tomar las críticas con humor.

ACTUACIÓN COMO PROFESIONAL SANITARIO

☐ Conversar con la madre y ayudarla a aclarar sus dudas:

■ Sentimientos acerca del destete:

✓ ¿Por qué quiere destetar?

✓ ¿Siente algún tipo de presión?

✓ ¿Qué opinan las personas de su entorno?

■ Lo que espera del destete:

✓ ¿Cuáles son los cambios o mejorías que espera?

✓ ¿Son realistas?

■ La necesidad del bebé de mamar: es más que alimento.

■ Lo que implica el destete: cambios físicos y emocionales según la etapa del desarrollo del niño.

CAPÍTULO 4:

Tipos de destete.

Podemos clasificar los tipos de destete en:

☐ DESTETE VOLUNTARIO

    ◼ Destete Natural (a iniciativa del niño)

    ◼ Destete a iniciativa de la madre

☐ DESTETE PARCIAL

☐ DESTETE FORZOSO

☐ FALSO DESTETE

DESTETE VOLUNTARIO

☐ Destete Natural (a iniciativa del niño):

◼ El niño es el que marca la pauta, va reduciendo las tomas paulatinamente hasta que un día dejan de pedir.

◼ Indagar en los sentimientos de la madre: explicar que es natural, no hay motivo de culpabilidad.

◼ Nuevo embarazo: la leche cambia de volumen y sabor durante el embarazo y hay niños que la rechazan.

◼ La doctora K. Dettwyler (antropóloga, Universidad de Texas) expuso tras realizar un estudio comparativo en primates, que parece que el destete natural en humanos podría ocurrir entre los 2 años y medio y los 7 años

◼ En las sociedades actuales en las que el rechazo a la lactancia prolongada no existe, los niños son amamantados hasta los 4 años por término medio

◘ Se estima que el sistema inmunitario humano no está maduro y plenamente operativo hasta los 6 años de edad

☐ A iniciativa de la madre:

◘ Por diversas razones: médicas, emocionales, familiares, sociales, etc.

◘ Es preferible es destete gradual: es destete brusco conlleva problemas como ingurgitación y mastitis, y problemas de adaptación para el niño.

→ *DESTETE POR ABANDONO*: consiste en "separar a la madre del niño por unos días". No es recomendable por la carencia afectiva y emocional.

El tipo de contacto que ofrece la lactancia debe ser remplazado por otras formas de apego

Estrategias para el destete voluntario:

✓ *No ofrecer-no rechazar: ser flexible con los momentos más delicados*

✓ *Distracción con alternativas nuevas y más atractivas*

✓ *Sustitución por otros alimentos (sólo funciona cuando el niño tiene hambre, pero no cuando busca consuelo...)*

✓ *Aplazamiento de la toma (niño que ya entiende y se puede negociar)*

✓ *Bebé < 9 meses sustituir toma de pecho por biberón (consultar al pediatra antes de dar leche artificial)*

✓ *Bebé > 9 meses (no aconsejable biberón) cambiar rutinas, anticiparse a las tomas con alternativas y distracciones ("negociar")*

✓ *Planificación: eliminar una toma al día, a los 2-3 días eliminar otra...*

✓ *Si es posible, que sea otra persona quien de los primeros biberones*

✓ *El chupete puede ser sustitutivo y dar consuelo cuando el niño no ha superado la necesidad de chupar*

Aunque el pequeño no proteste ante los métodos de destete puede que se den otras señales que indiquen que el destete está perturbando al niño, pues este puede:

☐ Tartamudear.

☐ Despertar más por la noche cuando no lo hacía.

☐ Apegarse más a la madre durante el día.

☐ Apegarse a algún objeto.

☐ Mostrar un temor nuevo o mayor a la separación.

☐ Morder, cuando no lo había hecho antes.

☐ Dolor de estómago o estreñimiento.

DESTETE PARCIAL

☐ Permite eliminar alguna toma de lactancia materna.

☐ Bebé < 1 año consultar al pediatra

◘ Si sólo toma leche materna debe darle leche artificial o extraída.

◘ Si toma otros alimentos puede sustituir la leche por otros alimentos adecuados para su edad.

☐ Bebé > 1 año negociación con otros alimentos/actividades.

☐ Destete nocturno: procurar que sea el padre quien se levante a calmar al bebé.

DESTETE FORZOSO

Se trata del destete inevitable por un motivo justificado (medicamentos, enfermedad...)

Debemos siempre contrastar información sobre la necesidad real de destetar.

En ocasiones se recomienda el destete cuando **NO** es necesario:

- ☐ La madre se siente abrumada por el cuidado del bebé.

- ☐ La salida de los dientes del bebé.

- ☐ La madre tiene mastitis.

- ☐ La madre piensa volver al trabajo.

- ☐ La madre precisa un medicamento o una prueba diagnóstica.

- ☐ La madre o el bebé están enfermos u hospitalizados.

- ☐ La madre está embarazada.

El destete forzoso tiene consecuencias:

- ☐ Ingurgitación, mastitis y acceso si no se drenan los pechos.

- ☐ Tristeza por la disminución de hormonas (prolactina).

- ☐ Bebé que no puede adaptarse al cambio.

FALSO DESTETE

Son momentos a lo largo del primer año en que el niño muestra menos interés por la lactancia, a consecuencia del propio desarrollo.

Es muy frecuente a los 5, 7 y entre los 9 y 12 meses.

Puede servir promover un ambiente tranquilo, con poca estimulación, ayuda a que el niño mame si lo necesita

LA HUELGA DE LACTANCIA

Es una conducta autolimitada del bebé que se niega a mamar.

Las causas más frecuentes son:

- ☐ Comienzo de la menstruación de la madre.

- ☐ Alimento ingerido por la madre.

- ☐ Cambios en productos higiénicos (olores).

- ☐ Tensión emocional de la madre.

- ☐ Dolor de cabeza, de oídos y obstrucción nasal del niño.

- ☐ Erupción de un diente.

- ☐ Reacción brusca de la madre ante un mordisco del niño.

- ☐ Nuevo embarazo de la madre

No confundir con un verdadero destete, cuando se elimina el motivo el bebé vuelve a querer el pecho

Mientras tanto, puede extraerse la leche y ofrecerla con vaso o cucharilla

CAPÍTULO 5:

Introducción a la alimentación complementaria en el niño.

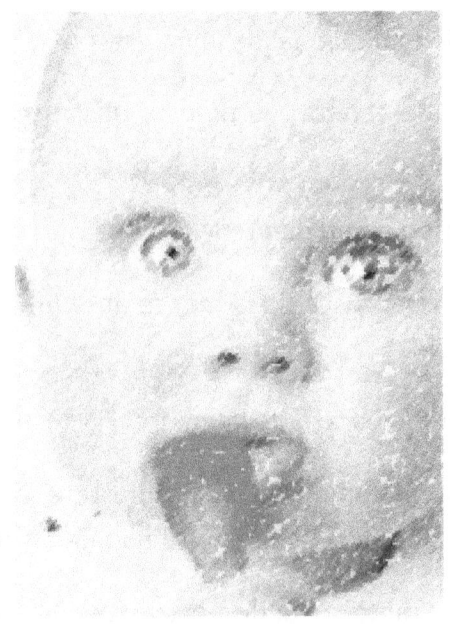

La alimentación complementaria está íntimamente ligada al destete

Existen diversos términos para referirnos a los alimentos distintos de la leche que comienza a tomar el niño:

- ◻ Beikost: palabra alemana para referirse a todos los alimentos distintos de la leche en la alimentación del lactante.

- ◻ Alimentación complementaria (AC): alimentos que *complementan* a la leche materna, no la sustituyen.

- ◻ Dieta de diversificación: nuevos alimentos *diversos* o diferentes a la leche.

- ◻ Primera papilla ("solids"): agrupa las papillas de alimentos, zumos e infusiones.

Las razones para introducir la alimentación complementaria al niño son:

Nutricionales:

☐ El niño tiene más requerimientos nutricionales

☐ No significa que la leche ya no sea de calidad, es un alimento fundamental durante el primer año de vida

Socioculturales:

☐ En determinadas culturas se adelanta la introducción de la alimentación complementaria por motivos laborales

☐ Informar sobre la hora de lactancia y cómo extraer y almacenar la leche materna

---

INCONVENIENTES DE LA INTRODUCCIÓN PREMATURA DE AC:
- Interferencia con el pecho
- Carga excesiva de solutos renales e hiperosmolaridad
- Alergias alimenticias
- Trastornos de la regulación del apetito
- Aditivos y contaminantes

CAPÍTULO 6:

Recomendaciones clásicas y actuales sobre alimentación complementaria en el niño.

RECOMENDACIONES CLÁSICAS PARA LA ALIMENTACIÓN COMPLEMENTARIA

Las recomendaciones "antiguas" que ordenan los alimentos:

☐ Son bastante razonables

☐ Parecen dar seguridad a los pediatras disponer de una pauta

☐ Introduce los alimentos paulatinamente

☐ Puede crear confusión o culpabilidad si se hace de forma diferente porque suelen tomarse como normas, no como recomendaciones.

1. Fórmula de inicio (muy precoz)
2. Fórmula de continuación desde 4-5 m
3. Cereales sin gluten desde 3-5 m
4. Cereales con gluten desde 7-8 m
5. Frutas desde 4-5 m

6. Verduras desde 5-6 m
7. Carne de pollo, ternera, pavo, cordero desde 6-7 m
8. Pescado desde 10 m
9. Yema de huevo desde 9-10 m
10. Huevo completo desde el año

RECOMENDACIONES ACTUALES PARA LA ALIMENTACIÓN COMPLEMENTARIA

ESPGAN (Sociedad Europea de Gastroenterología y Nutrición Pediátrica)

- ☐ Tener en cuenta el ambiente socio-cultural

- ☐ No debe introducirse antes de los 3 meses ni después de los 6; siempre en pequeñas cantidades

- ☐ A los 6 meses el 50% del aporte debe provenir de la alimentación complementaria.

- ☐ Durante el primer año, la leche (materna, artificial o los productos lácteos equivalentes) no deben ser inferiores a 500ml (5-6 tomas al día)

- ☐ No hay motivo para introducir antes cereales que fruta o verduras

- ☐ Retrasar hasta los 5-6 meses la introducción de alimentos altamente alergénicos como huevo y pescado, y el gluten hasta los 4 ó 6 meses.

- ☐ Alto contenido en Nitratos (zanahorias, remolacha y espinacas) evitarse los primeros meses

☐ Poner atención a los antecedentes familiares de atopia/alergias alimenticias

AAP (Academia Americana de Pediatría)

El niño está listo para empezar a tomar otros alimentos cuando:

☐ Es capaz de sentarse solo

☐ Pierde el reflejo de extrusión

☐ Muestra interés por la comida de los adultos

☐ Sabe mostrar hambre y saciedad con sus gestos

☐ Los nuevos alimentos deben introducirse de uno en uno, en pequeñas cantidades y con al menos 7 días de separación

☐ La lactancia materna debe ser exclusiva y a demanda hasta los 6 meses

☐ Se pueden añadir otros alimentos a partir de los 6 meses, continuando con la lactancia materna como mínimo hasta el año y luego todo el tiempo que madre e hijo deseen

OMS y UNICEF

- ☐ Recomiendan lactancia materna exclusiva hasta los 6 meses

- ☐ Alimentación complementaria a partir de los 6 meses, aunque puede esperar incluso hasta los 7 u 8 meses

- ☐ Continuar la lactancia materna junto a la alimentación complementaria hasta los 2 años o más

- ☐ Alimentación variada

- ☐ Ofrecer el pecho antes que los otros alimentos

- ☐ Los niños menores de 3 años deben comer 5-6 veces/día

- ☐ Añadir un poco de aceite o mantequilla a las verduras para aumentar su valor calórico

Otras recomendaciones:

☐ Antes de los 6 meses el intestino aún es inmaduro para recibir alimentación complementaria

☐ No es necesario dar alimentos preparados (potitos) pueden usarse los mismos que vaya a tomar el resto de la familia cuando estos sean adecuados

☐ Mantener la higiene en la preparación

☐ Evitar sal y azúcar hasta el año

☐ Las papillas pueden prepararse con leche materna, artificial, agua o caldo

☐ Tener en cuenta la leche artificial proviene de la leche de vaca (intolerancias)

☐ Recordar que pan contiene gluten, y éste no se recomienda hasta los 6-7 meses

La frecuencia recomendable de las comidas debe ser:

0-6 meses: lactancia materna a demanda (8 veces mínimo/día)

Alrededor de los 6 meses: lactancia materna 8 veces /día + alimentación complementaria 1-2 veces/día (si fuera necesario)

De 6 a 12 m: lactancia materna a demanda + alimentación complementaria 3-4 veces/día (5 veces/día si el niño no es alimentado con lactancia materna)

De 12 a 23 m: lactancia materna a demanda + alimentación complementaria 4-5 veces al día

BIBLIOGRAFÍA

1. Asociación española de pediatría de atención primaria. Septiembre del 2002.

2. María Dolores Berenguer Cuadrado y Justa Rodríguez Muñoz. Cómo preparar correctamente un biberón. Universidad de Alicante. 2 de febrero del 2004.

3. Ana Martínez Rubio. Pediatra. SAS. Alimentación complementaria. Diciembre 1999.

4. Alba (Grupo de Apoyo a la Lactancia). El destete. Publicado en la página web: http://www.terra.es/personal8/inma.marcos/destete.htm

5. Ruth A. Lawrence. La Lactancia Materna: Una guía para la profesión médica. Cuarta edición. Mosby 1996

6. La Liga de La leche. VV. AA. Lactancia materna. Libro de respuestas. Edición revisada. La Leche League 2002

7. La Liga de la Leche. Curso de formación continuada para profesionales de la salud.

Ponencia "Destete natural: beneficios, opciones"

8. Francisco Rodríguez Castilla. Educación y problemas de la lactancia materna. Formación continuada Loggos. 2ª Edición. Julio 2010.

9. Josefa Aguayo Maldonado (Ed). La Lactancia Materna. Publicaciones de la Universidad de Sevilla. 2001.

10. Pauta de alimentación durante el primer años de vida. Protocolo del Servicio de Pediatría del Hospital de Denia. http://www.e-lactancia.org/ped/Pediatria.html

11. http://www.netmoms.es/magazin/bebe/biberones/como-limpiar-el-biberon/

12. http://www.serpadres.es/bebe/lactancia-alimentacion/La-higiene-de-biberones-y-chupetes.html

13. http://www.clubpadres.com/blog/2011/11/higiene-biberon/

www.ingramcontent.com/pod-product-compliance
Lightning Source LLC
Chambersburg PA
CBHW070431180526
45158CB00017B/971

* 9 7 8 1 2 9 1 1 6 0 4 0 6 *